ANIMALES SUPERMORTALES

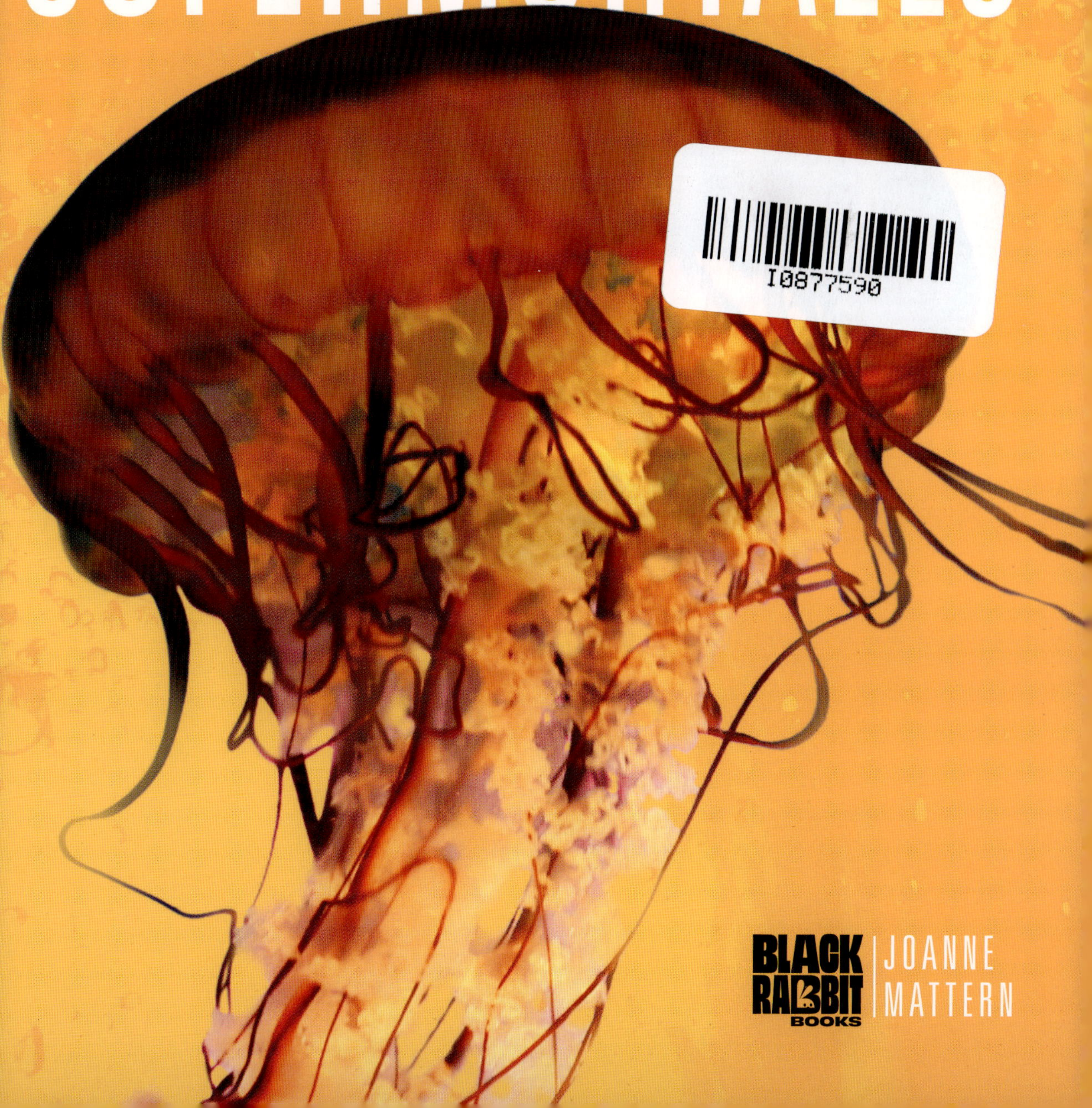

BLACK RABBIT BOOKS

JOANNE MATTERN

ÍNDICE

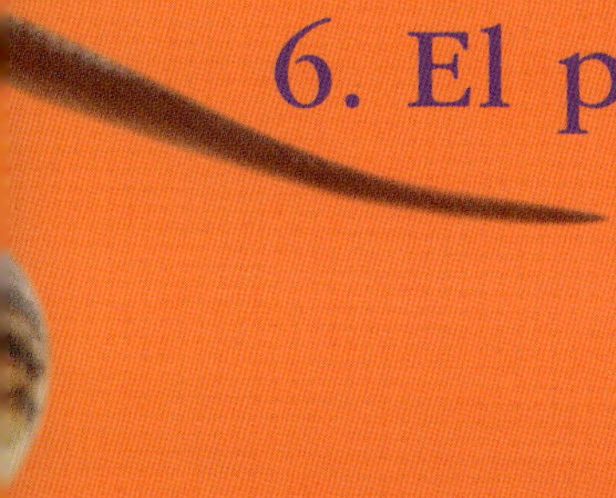

1

El monstruo de Gila

¡Ten cuidado en el desierto! Los monstruos de Gila viven en el suroeste de Estados Unidos y México. La mayoría de los lagartos no pueden hacerte daño. Pero el monstruo de Gila tiene un arma secreta.

Estos lagartos tienen glándulas en la mandíbula inferior. Las glándulas están llenas de veneno. El monstruo de Gila muerde. El veneno fluye hacia su víctima.

La mordedura duele mucho. Su veneno normalmente no puede matar a una persona. Pero sí mata a los pequeños animales que come.

¿Sabías que...? Los animales venenosos son peligrosos si se los toca o se los come. Los animales venenosos muerden o inyectan toxinas.

2

La rana punta de flecha

Estas hermosas ranas vienen en muchos colores. No te dejes engañar. Esos colores brillantes son una advertencia. La piel de la rana está cubierta de veneno. Solo tocar una puede matarte.

Las ranas punta de flecha viven en la selva tropical. Allí, los insectos comen plantas tóxicas. La rana se come a los insectos. Luego almacena esas toxinas en su cuerpo para fabricar veneno.

La rana venenosa dorada es la más mortal. Tiene suficiente veneno para matar a 10 hombres.

Piensa en esto

Las ranas punta de flecha nacidas en zoológicos no son venenosas. ¿Por qué crees que esto es así?

3

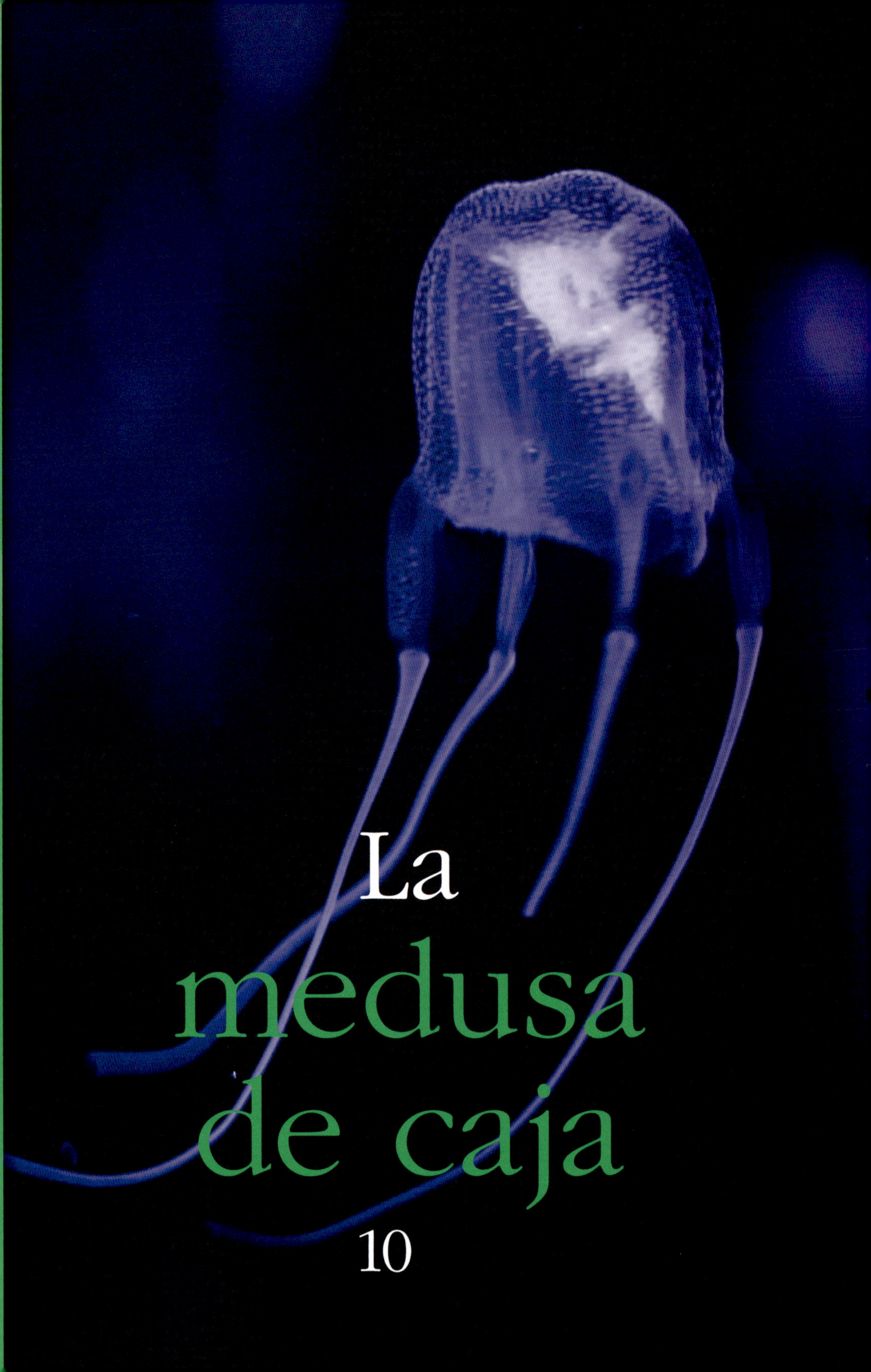

La medusa de caja

Las medusas de caja no parecen peligrosas. Pero sus largos **tentáculos** son un arma mortal. Están cubiertos de hasta 5000 células. Cada célula está llena de veneno. Ese veneno es uno de los más mortíferos del mundo. Una sola picadura puede matar a una persona en cuestión de minutos.

Las medusas de caja viven en océanos cálidos. Tienen 24 ojos. Cazan camarones y otros animales pequeños.

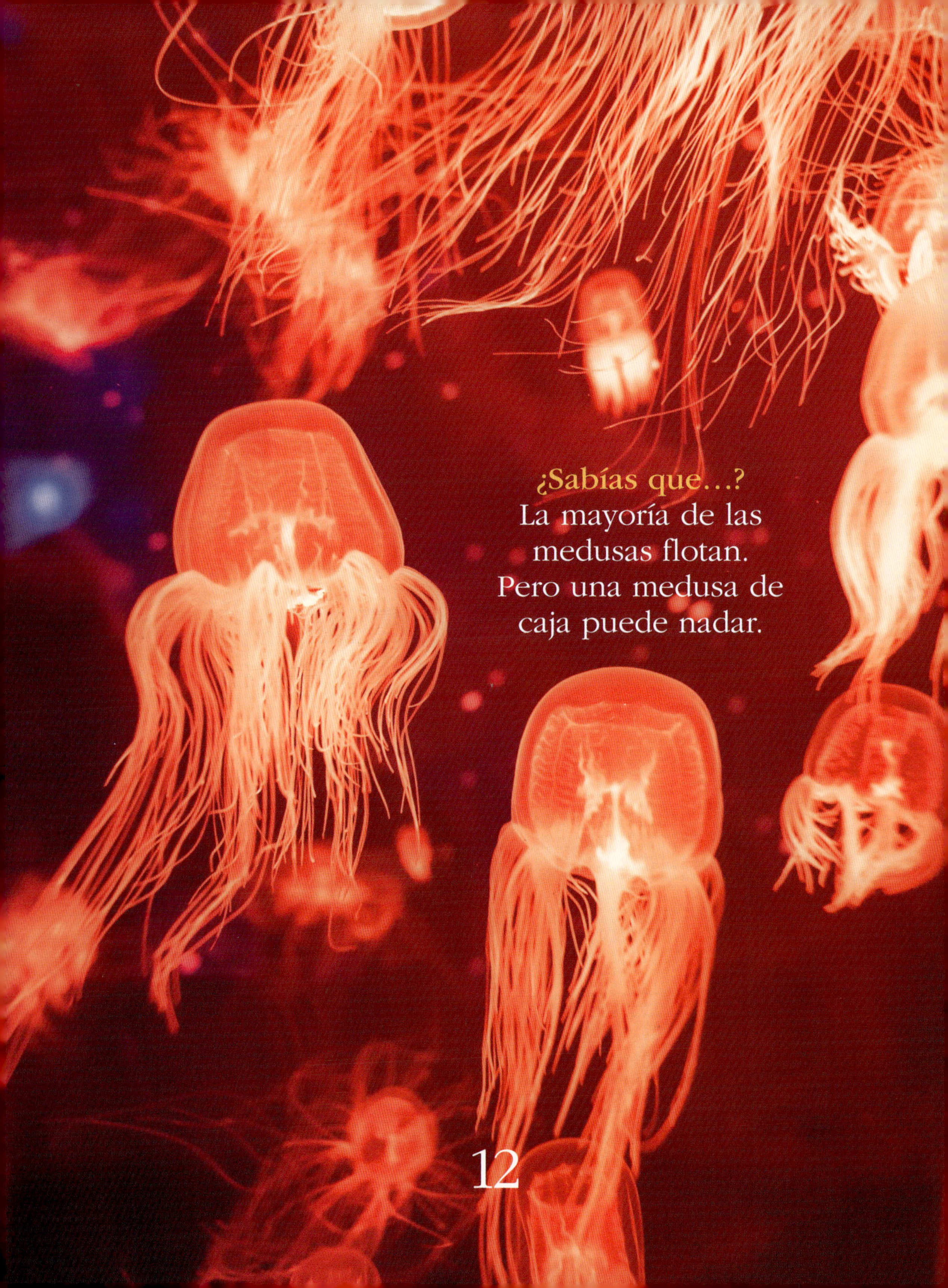

¿Sabías que...?
La mayoría de las medusas flotan. Pero una medusa de caja puede nadar.

4

El taipán del interior

Muchas serpientes tienen veneno. Pero el taipán del interior es la más mortal. Esta serpiente vive en el interior de Australia. Una mordedura tiene suficiente veneno para matar a 100 hombres.

Aquí hay buenas noticias. Los taipanes del interior son muy tímidos. No es probable que ataquen a las personas.

La presa de un taipán no tiene tanta suerte. Las ratas son su comida favorita. La serpiente acorrala a una rata. Luego la muerde. Su veneno actúa rápidamente. La rata no puede defenderse.

Piensa en esto

Piensa en dónde vive el taipán del interior. ¿Cuál podría ser otra razón por la que esta serpiente rara vez muerde a las personas?

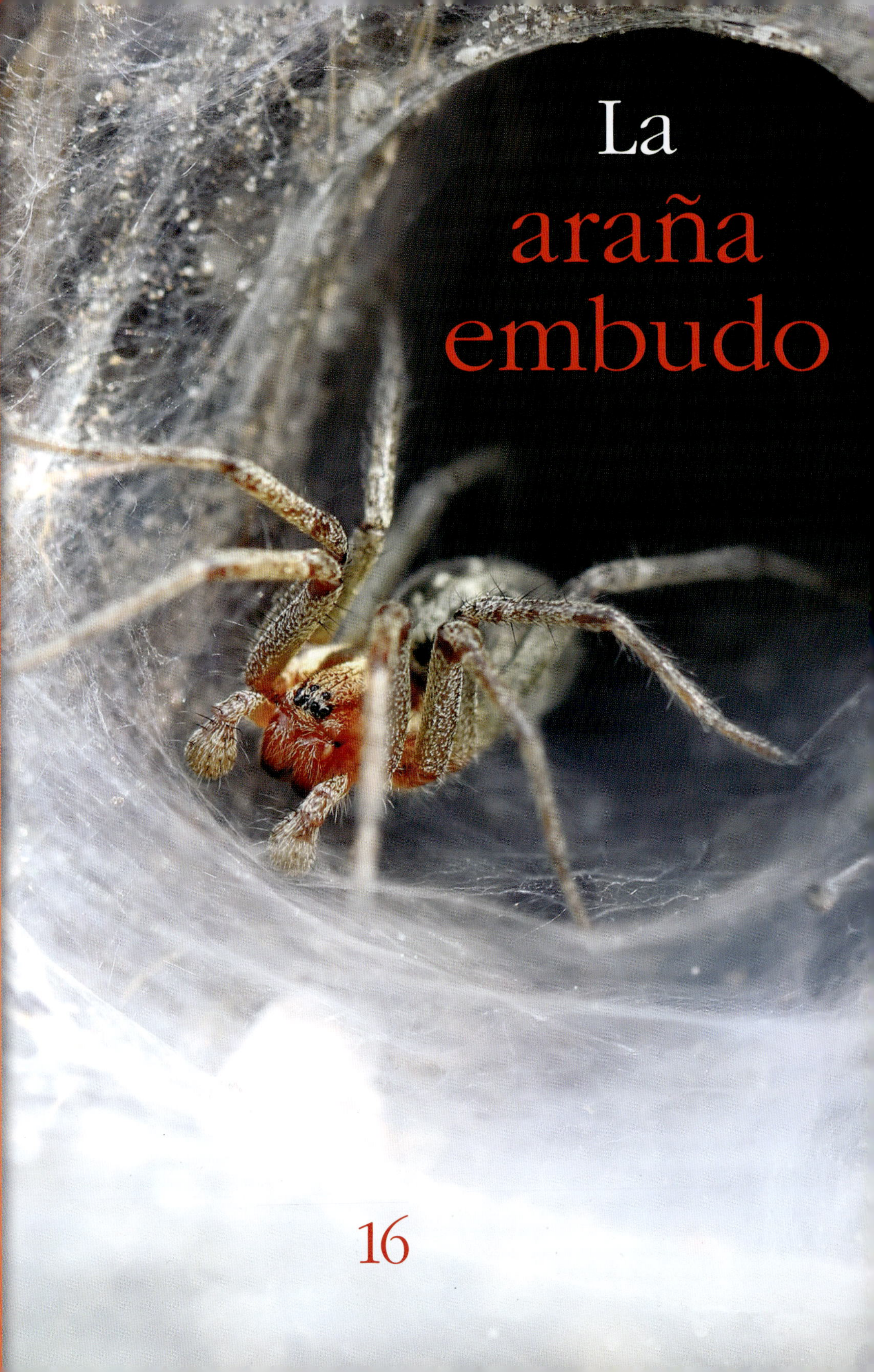

5

La araña embudo

Australia está llena de animales mortales. La araña embudo es otro de ellos. Esta araña tiene un veneno fuerte. Puede matar a una persona en 15 minutos.

Esta araña come insectos y ranas. El veneno **paraliza** a su presa. Pero algo más sucede cuando pica a un humano. El corazón de la persona late fuerte. No puede respirar. En poco tiempo, muere.

A las arañas embudo les gustan los lugares húmedos. Por lo general, viven debajo de las rocas. Algunas viven en los árboles.

Piensa en esto

El veneno de algunos animales se utiliza para fabricar medicamentos. ¿De qué otras formas pueden ayudar a las personas los animales mortales?

6

El pulpo de anillos azules

Este animal marino puede parecer adorable. Pero es uno de los animales más mortales de la Tierra. El pulpo de anillos azules produce una toxina llamada TTX. El pulpo muerde. El veneno fluye. Puede matar a una persona en 20 minutos.

El cuerpo del pulpo está lleno de TTX. Si lo comes, podrías morir. Por lo tanto, este animal es venenoso.

Esta criatura come cangrejos y camarones. Su boca tiene forma de pico. Este pico rompe el duro caparazón del cangrejo. Luego, el pulpo inyecta su veneno.

¿Sabías que…?
El pulpo de anillos azules es del tamaño de una pelota de golf.

MÁS PARA EXPLORAR

¿EN QUÉ PARTE DEL MUNDO?

LOS MONSTRUOS DE GILA
América del Norte

RANAS PUNTA DE FLECHA
América Central y del Sur

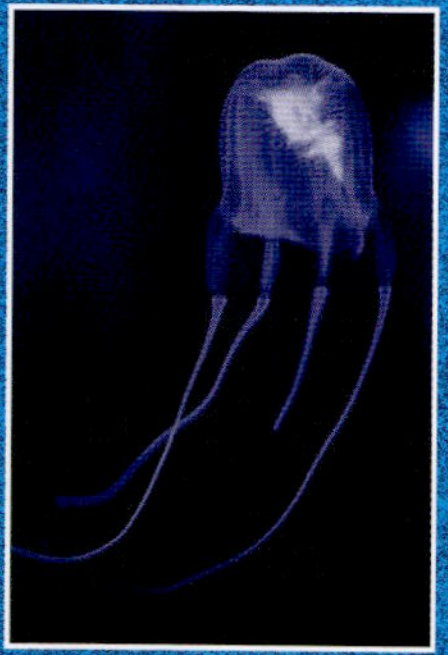

MEDUSA DE CAJA
Océanos Índico y Pacífico

TAIPANES DEL INTERIOR
Australia Central

ARAÑAS EMBUDO
Costa de Australia

PULPOS DE ANILLOS AZULES
Océanos Índico y Pacífico

MÁS PARA EXPLORAR

DATOS FANTÁSTICOS

Un monstruo de Gila a menudo mastica a su presa. Al masticar inyecta más veneno en la mordedura.

Las ranas punta de flecha obtuvieron su nombre del pueblo Chocó. Ponían su veneno en los dardos que utilizaban para cazar.

La medusa de caja más grande vive en el océano alrededor de Australia.

A los taipanes del interior también se los llama serpientes feroces.

Los colmillos de una araña embudo pueden morder las uñas.

Un pulpo de anillos azules cambia de color cuando está asustado.

MÁS PARA EXPLORAR

COMPARACIONES INTERESANTES

¿Qué tan mortales son los animales de este libro? Vamos a clasificarlos.

1 Taipán del interior
Suficiente veneno para matar a 100 hombres.

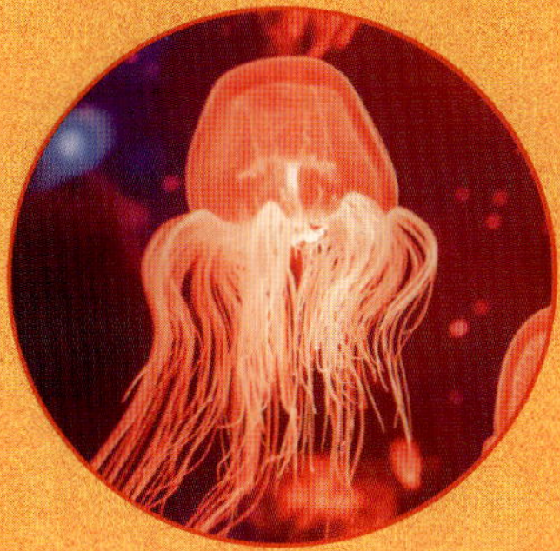

2 Medusa de caja
Suficiente veneno para matar a 60 hombres.

3 Pulpo de anillos azules
Suficiente veneno para matar a 26 hombres.

4 Rana punta de flecha
Suficiente veneno para matar a 10 hombres.

5 Araña embudo
Puede matar a una persona en 15 minutos.

6 Monstruo de Gila
No suele ser mortal para las personas, pero sí muy doloroso.

MÁS PARA EXPLORAR

RECURSOS

Glosario

glándula Un grupo de células u órgano que produce fluidos que se liberan en el cuerpo o salen de él.

interior Áreas remotas y rurales, especialmente en Australia.

paralizar Hacer que alguien sea impotente o incapaz de actuar, funcionar o moverse.

presa Animal al que cazan o matan para comerlo.

tentáculo Una parte larga y delgada del cuerpo en la cabeza o alrededor de la boca de algunos animales. Los tentáculos sirven para palpar o agarrar cosas.

toxina Cualquier sustancia venenosa producida por células u organismos vivos.

veneno Una sustancia tóxica producida por algunos animales utilizada para matar o herir.

Índice alfabético

TOP RANK es publicado por Black Rabbit Books, P.O. Box 227, Mankato, MN, 56002. • Top Rank un sello de Black Rabbit Books • Editado de Alissa Thielges • Diseño de Danny Nanos • Fotografías © Dreamstime/Geoffrey Green, cover, Nh77, cover; iStock/Howard Chew, 20, 23; Shutterstock/Artur Janichev, 9, 21, Dewald Kirsten, 10, 21, GoodFocused, 2, 15, 23, James van den Broek, 18, JayPierstorff, 4, 21, Ken Griffiths, 13, 17, 21, 23, Kuttelvaserova Stuchelova, 14, lokesh164, 11, maniacpixel, 20, Marek Mierzejewski, 16, 21, Nuttawut Uttamaharad, 12, 23, Rosa Jay, 8, Tim Nolan, 6–7, 23, SChantra, 19, 21, Vladislav T. Jirousek, 5, 23, Zulashai, 11 • Impreso en China

Library of Congress Cataloging-in-Publication Data: Names: Mattern, Joanne, 1963- author. | Title: Animales supermortales / by Joanne Mattern. | Description: Mankato, MN: Black Rabbit Books, [2025] | Series: Animales superincreíbles | Includes index. | Ages 8–11 | Grades 2–3 | Identifiers: LCCN 2024023504 | ISBN 9781644667538 (library binding) | ISBN 9781644667583 (paperback) | ISBN 9781644667668 (ebook) | Subjects: LCSH: Poisonous animals—Juvenile literature. | Venom—Juvenile literature. | Classification: LCC QL100 .M375518 2025 | DDC 591.6/5—dc23/eng/20240613